★ 给孩子的职业启蒙系列 ★

我想当动物医生

[英] 史蒂夫·马丁/著

[新西兰] 安吉拉·基奥汉/绘

梁　爽/译

中信出版集团 · 北京

图书在版编目（CIP）数据

我想当动物医生 / (英) 史蒂夫·马丁著；
(新西兰) 安吉拉·基奥汉绘；梁爽译 . -- 北京：中信
出版社，2019.3
（给孩子的职业启蒙系列）
书名原文：VET ACADEMY
ISBN 978-7-5086-9542-6

Ⅰ.①我… Ⅱ.①史… ②安… ③梁… Ⅲ.①兽医师
－儿童读物 Ⅳ.① S851.63-49

中国版本图书馆 CIP 数据核字 (2018) 第 223536 号

VET ACADEMY
First published in the UK in 2017 by Ivy Kids
An imprint of The Quarto Group
Copyright © 2017 Quarto Publishing plc
Chinese simplified translation copyright © 2019 by CITIC Press Corporation
ALL RIGHTS RESERVED
本书仅限中国大陆地区发行销售

我想当动物医生
（给孩子的职业启蒙系列）

著　　者：[英] 史蒂夫·马丁
绘　　者：[新西兰] 安吉拉·基奥汉
译　　者：梁　爽
出版发行：中信出版集团股份有限公司
　　　　　（北京市朝阳区惠新东街甲 4 号富盛大厦 2 座　邮编　100029）
承 印 者：深圳当纳利印刷有限公司

开　　本：889mm×512mm　1/16　　印　张：4.25　　字　数：100 千字
版　　次：2019 年 3 月第 1 版　　印　次：2019 年 3 月第 1 次印刷
京权图字：01–2018–1700　　　　　广告经营许可证：京朝工商广字第 8087 号
书　　号：ISBN 978-7-5086-9542-6
定　　价：49.80 元

出　　品：中信儿童书店
策　　划：中信出版·知学园
策划编辑：潘　婧　　　　　责任编辑：程　凤　　　　　营销编辑：张　超
封面设计：谢佳静　　　　　内文设计：王　莹

目 录

欢迎来到兽医学院!

宠物医生

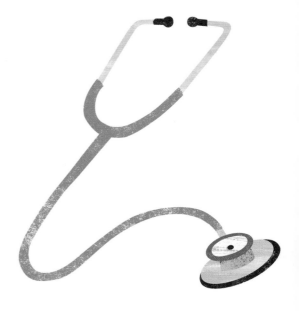

动物园动物医生

农场动物医生

你喜欢动物，是不是还渴望做与动物有关的工作呢？
如果你的答案是肯定的，那就赶快来兽医学院吧。

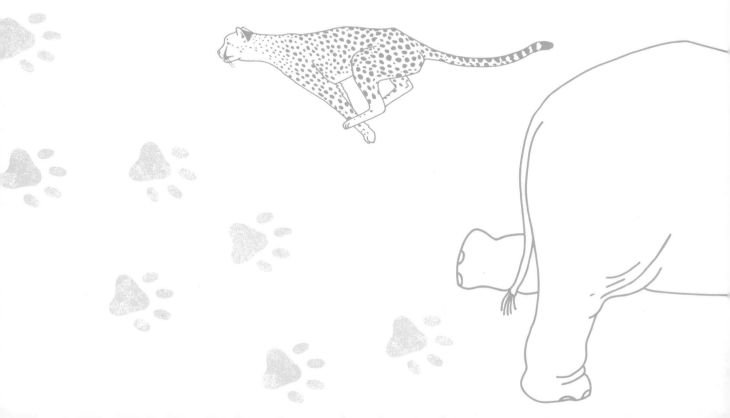

欢迎来到兽医学院！

祝贺你成为兽医学院的一员。在这里，你将了解一份几乎人人都能做的重要的工作。

各种动物遍布地球的每个角落：有些动物生活在野外，有些动物生活在人类的家中，有些动物生活在封闭式动物园或野生动物园里，还有些动物生活在农场里。有些动物很小，人们甚至可以把它们托在手心里；而有些动物，比如非洲象，体形却十分庞大。它们或许是天生的游泳或飞翔高手，又或许生来就适合住在热带雨林。

一名动物医生必须知道怎样才能让动物健康成长，还必须清楚如何治疗生病或受伤的动物。这就是动物医生必须接受长期培训的原因所在了。

在认真学习的过程中，你将逐渐了解动物医生到底需要做什么。

* 关爱动物，让它们健康成长。

* 找出生病动物的病因。

* 确保新生命的健康与安全。

* 为动物们接种，以使它们免受疾病的侵袭，保持健康。

* 应对任何紧急状况。

你的第一项任务就是填写下面的实习动物医生卡。

实习动物医生

| 姓　　名： |
| 年　　龄： |
| 学员编号： |
| 入学时间： |

你将会了解动物医生需要具备的能力和素质，比如对动物的细致观察力，以及耐心和爱心。

完成学业之后，你就能获得宠物医生、动物园动物医生和农场动物医生毕业证书了。

！

警告

请谨记：唯有具备动物医生资质的成年人才能给动物治病；绝对不能用活生生的动物来当试验品！

宠物医生

爱是最好的良方

不论是人类还是动物，一旦生病，最想得到的就是无尽的关爱。对于一只病恹恹的宠物来说，最佳治疗方式就是给予它充足的关爱和悉心的看护了。

有些宠物非常健康，而有些却病得很严重；有些宠物快乐友善，而有些却安静胆怯。

但是它们都有一个共同之处，那就是都需要人类的关爱。

宠物医生测验

下列问题将帮助你判断自己是否适合当一名宠物医生。请给出问题的正确答案。

1. 你成为一名宠物医生之后，最开心的莫过于____。
A. 帮助动物。
B. 赚大钱。

2. 宠物医生是不能饲养宠物的。
A. 错误。
B. 正确。

3. 充满爱心的主人____。
A. 会带自家宠物定期体检。
B. 只在宠物生病的时候才带它们看宠物医生。

4. 训练狗狗的最佳方式是____。

A. 在它听从命令的时候给予表扬。

B. 在它不听从命令的时候给予批评。

5. 你最好让宠物猫吃____。

A. 适量的健康食品。

B. 到它们不想吃为止。

6. 你不应该时刻关注自家宠物，因为这样会惯坏它们的。

A. 错误。

B. 正确。

现在请计算自己的分数吧：选A得2分，选B得0分。

如果你的分数在8分以上，那你太棒了！你很有爱心，一定会成为一名优秀的宠物医生。

要让宠物们健康快乐，就一定要做到以下四点。

1. 密切关注它们。

2. 照顾好它们。

3. 带它们看宠物医生。

4. 保证饮食健康，运动充分。

完成小测验之后，请你将任务完成贴纸贴在这里（如右图所示）。

任务完成

你好吗？

当然，宠物医生的工作对象不只是宠物。他们还必须和宠物主人打交道，这件事情有时可不轻松。宠物生病了，它们的主人也许会感到忧虑、害怕和伤心，甚至十分恼怒。

被忧虑和恐惧情绪困扰的宠物主人也许会失去冷静，在回答宠物医生问题的时候也可能很难保持礼貌的态度。这种行为可能会让你觉得他们并不是郁闷，而是十分气愤。

宠物医生需要甄别宠物主人的情绪或状态，进而为他们提供帮助。如果宠物主人焦虑不安，你需要帮助他们打消疑虑；如果宠物主人听不明白你对宠物病情的描述，那你就需要多花点儿时间来解释清楚。

在你为宠物处理伤口的时候，如果它的主人在一旁紧盯着不放，不要认为他们对治疗过程感兴趣，他们只是惊呆了。如果你对这种反应已习以为常，那就可以请他们到外面去等候了。

你感觉怎么样？

和你的朋友一起来玩这个游戏吧，锻炼一下自己的人际交往能力。游戏中，一人表演下图中的各种表情，另一人猜对方表达的是什么意思。表演者不能发出任何声音，只能做出面部表情或身体动作！

生气

悲伤

担忧

害怕

困惑

高兴

不耐烦

厌恶

吃惊

粘贴处

太棒了！能够读懂对方的情绪可是成为宠物医生的必要条件呢。

做完游戏后，请你将任务完成贴纸贴在这里。

任务完成

7

欢迎新成员

家里添了一只小狗或小猫，是一件多么令人兴奋的事情啊。让家庭新成员保持健康快乐的状态可是十分重要的哟！宠物主人首先应该带它们到宠物医生那里体检。

* 宠物医生会努力让动物宝宝的第一次体检变得十分好玩。他们会不停与它说话和玩耍，这样动物宝宝以后就不会害怕体检了。

* 宠物医生会把动物宝宝和其他动物隔离开来，以防感染。宠物医生还会把检查台擦洗得干干净净。

* 宠物医生会对动物宝宝进行全面的身体检查，检查它的牙齿、耳朵和眼睛，还会给它称重和量体温。

* 宠物医生不仅会认真检查动物宝宝的身体状况，还会问宠物主人许多问题。比如，动物宝宝的体重增加了吗？精力旺盛吗？有没有咳嗽或气喘？

* 受检的动物宝宝将接受有生以来的第一次疫苗接种，以增强免疫力。

* 宠物主人也许还需要带动物宝宝进行多次疫苗接种。宠物医生会对此进行详细解释。

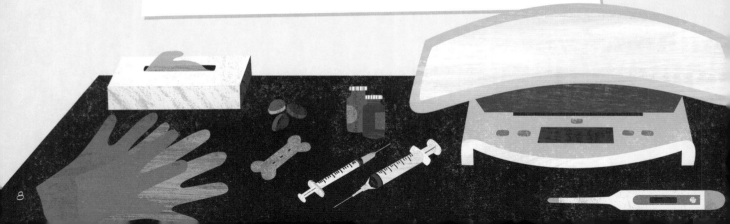

小测验：是小狗还是小猫呢？

小猫和小狗第一次体检的内容差不多，但是它们长大之后的检查内容却是截然不同的。仔细阅读以下描述，并把与描述相符的动物圈出来。

1. 这种动物在接受训练后能听从命令。

2. 这种动物善于爬上爬下。

3. 这种动物必须要套上导引绳，主人才允许它出门。

4. 这种动物喜欢和其他动物待在一起，也喜欢和人亲近。在野外，它们喜欢群居。

5. 这种动物可以把利爪缩回肉垫里。

6. 这种动物会把自己舔得干干净净。

请你对照本页底部的答案查看自己的任务完成情况，之后把任务完成贴纸贴在这里。

粘贴处

答案：1＝小狗；2＝小猫；3＝小狗；
4＝小狗；5＝小猫；6＝小猫

任务完成

狗狗的心声

人生病了，医生可以通过与病人交谈来了解病人的状况，宠物医生却不能这样做。宠物医生的"病号"常常表现得十分害怕。为了了解狗狗的状况，宠物医生还需要学习狗狗的身体语言。

忧虑的狗狗

当感到恐惧的时候，狗狗会把尾巴紧紧地夹在两条后腿之间。

恐惧不安的狗狗会尽量蹲低，将自己缩成一团，以表现出顺从的态度。

狗狗害怕的时候，会屈起身体或者直接跑开。它们一般会把全身重量都移到后腿上，随时准备一溜烟儿跑掉。

狗狗害怕的时候还会打个大呵欠，这样就能释放掉许多紧张情绪。

顽皮的狗狗

当狗狗做出鞠躬的动作时，即做出前腿支地、头部放低、屁股撅起的姿态，它是想问："你要和我一起玩吗？"

愤怒的狗狗

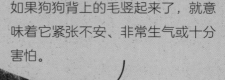

有时候，愤怒的狗狗会翻卷嘴唇，露出牙齿，警告你不要靠近。

如果狗狗背上的毛竖起来了，就意味着它紧张不安、非常生气或十分害怕。

愤怒的狗狗会让自己看起来更大一圈。它会把全身重量都移到前腿上，随时准备扑出去进攻。

如果狗狗把尾巴僵直地立起来，就表示它很警觉，正在全神贯注地观察周围的状况。

警觉的狗狗

当狗狗很警觉的时候，它会将耳朵竖立起来（不是每只狗都能竖起耳朵的）。

很高兴认识你！

恐惧不安的狗狗是十分危险的。如果你想跟狗狗友好相处，就请听从以下建议吧。

* 逗引狗狗走到你身边来。如果你朝它走过去，可能会让它感到恐惧。

* 让它闻闻你的气味。狗狗喜欢通过嗅觉来了解各种事物。

* 蹲下来看着它们！狗狗不喜欢你居高临下地伸手摸它的头，它们需要看清楚周围发生的一切。

* 保持一米的距离，以保证你的脸安然无恙。你绝对不能跟狗狗脸贴脸。它们不喜欢你这样做，甚至可能会突然跳起，把你的脸紧紧咬住。

* 一定要让宠物主人跟你们待在一起。有主人相伴的狗狗更可能表现出友善的态度。

i 动物医生信息站

猫言猫语

你已经了解狗狗们表达情绪的方式了，那你知道猫咪也是用身体语言来传递信息的吗？宠物医生通过观察猫咪身体各个部位的动作来弄清楚它们的情绪。

猫语词典

尾巴

直立起来	内心愉快
毛发炸起	非常愤怒
快速摆动	生气

耳朵

向上竖起	警觉
向前竖起	友善
向后紧贴身体	害怕或生气
抽动	紧张

眼睛

瞪视	挑衅
缓慢眨动	感到舒服、充满信任
半眯	放松
睁得大大的	警觉、忧虑

胡须

向后贴	害怕
向前探	好奇

头部和身体   用头撞人

如果一只猫咪用头轻轻撞你或用身体在你身上蹭来蹭去，这说明它对你很友善。

猜猜下面的动作传递了什么信息

你看懂猫语了吗？请你把答案写在框里。

下面哪只猫咪内心愉快，哪只猫咪在生气，
哪只猫咪此刻非常愤怒呢？

1 _____

2 _____

3 _____

下面哪只猫咪很紧张，哪只猫咪很警觉，哪只猫咪很害怕呢？

4 _____

5 _____

6 _____

请谨记：不是所有猫咪都喜欢被当成宠物！在靠近猫咪的时候，你的动作一定要慢一点。如果它的身体变得僵直，开始快速摆动自己的尾巴，或者发出"咝咝"的恐吓声，你就不应该继续向前了！

在猜完猫咪传递的信息之后，请你对照本页底部的答案查看自己的测验结果，然后将你的任务完成贴纸贴在这里。

粘贴处

答案：1=愉快；2=非常愤怒；3=内心愤怒；
4=警觉；5=紧张；6=害怕

🐾 **任务完成**

困乏的乌龟

有一些宠物，如蛇、乌龟和其他爬行动物，需要特殊照料才能保持健康状态。宠物主人需要向宠物医生学习正确的饲养方法。爬行动物是变温动物，体温随着环境温度的高低而改变。当天气变冷时，它们就会无精打采，这可是很危险的情况。

只有在阳光灿烂的温暖天气里，乌龟才到户外活动一下。大多数乌龟都会冬眠（睡觉），在这个过程中，它们需要得到主人的帮助。

在秋天快要结束的时候，乌龟的主人就必须开始慢慢地调低乌龟居处的温度了。在温度较低的条件下，乌龟就会停止进食。通常不吃不喝两周后，乌龟就正式进入冬眠状态了。

乌龟盒子

放置在阴凉处（如车库）的乌龟盒子就是乌龟冬眠的理想之所。我们可以把冬眠的乌龟放入一个硬纸盒里，并在硬纸盒中塞满碎纸，再在盖子上钻很多个出气孔。然后把硬纸盒放入塑料盒中，用干燥的泥土把塑料盒填到半满，并用更多的碎纸把塑料盒包裹起来，这样就能让乌龟所处环境的温度保持稳定了。在给塑料盒盖上盖子之前，要在盖子上钻许多个出气孔。春天到来的时候，你就可以把盒子放到温暖的地方，让乌龟慢慢苏醒。

请谨记：乌龟的品种不同，其饲养方式也会有细微的不同。因此乌龟的主人一定要搞清楚乌龟的品种，确保自己采用的是正确的饲养方式。

动物医生信息站

锻炼你的大脑与身体

宠物医生只有了解宠物的需求，才能给宠物主人提出好建议。宠物需要进行大量的锻炼，不能总是一动不动，尤其是那些被关在笼子里面的宠物。请你来设计一下仓鼠笼子的内部结构。下面都是你在设计过程中必须要考虑的事情。

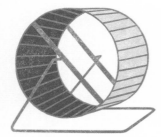

仓鼠精力充沛，它们会不停地奔跑。因此，你必须为仓鼠准备一个仓鼠跑轮。

仓鼠还喜欢挖洞，所以你需要在笼子底部放一层刨花或锯木灰。

仓鼠需要一个舒适的巢穴以保证睡眠质量。其实，它们的需求也很简单。一些碎纸屑就能让它们觉得十分温暖舒服了。

它们还需要水瓶和碗。

内部分层的仓鼠笼子，会让仓鼠觉得比较有趣。那就用梯子把不同的"楼层"连接起来吧。

在笼子里放置一些玩具，这样仓鼠就不会感到无聊了。

完成笼子内部设计之后，请你将任务完成
贴纸贴在这里。

粘贴处

任务完成

日常饮食

对于宠物来说，饮食健康是非常重要的。也就是说，要让宠物在适当的时间摄入适量的健康食物。宠物医生需要知道各种宠物的饮食习惯，并根据实际情况进行调整。例如，年纪大的狗狗一天耗费的能量比年纪小的狗狗少，因此它们的进食量也要相应减少。

宠物们都喜欢吃什么呢？

你能将下面的六种饮食习惯与宠物配对吗？

饮食习惯1

这种宠物是适应性的肉食动物（以植物为主，但是也吃肉）每天进食两次，每次吃大约三杯食物，食物中包含肉类和宠物饼干。

饮食习惯2

这种宠物的食物是漂浮在水面上的小颗粒。这种宠物没有胃，从来没有饱腹感，因此主人不要让它吃太多。

饮食习惯3

这种宠物是草食动物，所以它的食物清单里没有肉，其最好的食物就是干净的干草和蔬菜。

饮食习惯4

这种宠物是肉食动物，它的食物清单里罗列的都是肉类食品。它最好的饮食习惯是每天少食多餐。

饮食习惯5

这种宠物喜欢吃种子、蔬菜和切成小块的水果。

饮食习惯6

这种宠物一般以完整的老鼠尸体为食，这种食物是从宠物店里买回来的。

请把对应的饮食习惯编号写在圆圈里。

金鱼

猫

狗

兔子

相思鹦鹉

蛇

在完成配对测验后，请你对照本页底部的答案查看自己的测验情况，并将任务完成贴纸贴在这里。

粘贴处

答案：饮食习惯1=狗；饮食习惯2=金鱼；饮食习惯3=兔子；饮食习惯4=猫；饮食习惯5=相思鹦鹉；饮食习惯6=蛇

任务完成

19

几岁了呀?

知道宠物的年龄,宠物医生就能更好地照顾它们了。宠物的寿命取决于很多因素,比如它的健康状况、品种及居住环境。把动物的年龄换算成人类的年龄,倒是一个让人们了解宠物健康状况的好方法。从下表中可以看出,狗狗的衰老速度可比人类快得多!

狗狗年龄	人类年龄
6个月	7.5岁
1岁	15岁
3岁	26岁
5岁	36岁
7岁	46岁
9岁	56岁
11岁	66岁
13岁	76岁
15岁	86岁
17岁	96岁
18岁	100岁

年龄测试

对照表格中提供的信息,完成下面的小测试。

1. 狗狗3岁,相当于人类几岁?

2. 狗狗9岁,相当于人类70岁吗?

3. 狗狗多少岁,相当于人类的100岁?

4. 1岁的狗狗相当于15岁的大孩子吗?

在完成小测验后,请你对照本页底部的答案查看测验情况,并将任务完成贴纸贴在这里。

粘贴处

任务完成

答案: 1=26岁; 2=不是; 3=18岁; 4=是

合格的
宠物医生

姓 名：

此受训人员现已完成

宠物医生

课程。

兽医学院非常感谢
你做出的努力，
预祝你在今后的工作中取得更优异的成绩。

颁证日期：

日常工作!

动物园面积很大，里面可能生活着成百上千种不同的动物。所以动物园动物医生每天需要认真地做好各项工作，以确保生病的动物们能够得到及时治疗。

格子里有八种不同的动物。你的工作就是尽快地为它们做检查。

* 画出从手术室到狮子园的最短路线。

* 通过每种动物圈养区的机会只有一次，且不能横穿草地（绿色区域）。

* 你需要准备一个计时器、一支铅笔和一块橡皮（以防你画错了）！

完成这项任务之后，请你翻看60页上的答案检查任务完成情况，并将你的任务完成贴纸贴在这里。

粘贴处

任务完成

完成时间是多长呢?

手术室

起点 →

给生活加点料

雨淅淅沥沥地下个不停。你困坐家中，无所事事，哪里也去不了，还有点无聊。对于这个场景，你是不是很熟悉呢？其实，动物园的动物们也会感到无聊，有时候这种情绪还会对它们的健康产生不良影响。让动物园的"动物居民们"每天生活得开开心心，也是动物园动物医生的工作职责之一呢。

老虎正在仔细地嗅着老虎圈养区周围的各种气味。

一头犀牛在泥塘里欢乐地打滚。

长颈鹿正从悬挂在半空中的菜篮里找食物，它那长而灵活的舌头正好派上用场了！

在大猩猩圈养区里，食物被隐藏了起来。大猩猩必须四处搜寻食物，就像在野外觅食一样。

嬉戏玩具配对

谁最喜欢这种玩具呢？请把对应的动物名称写在玩具旁边吧。

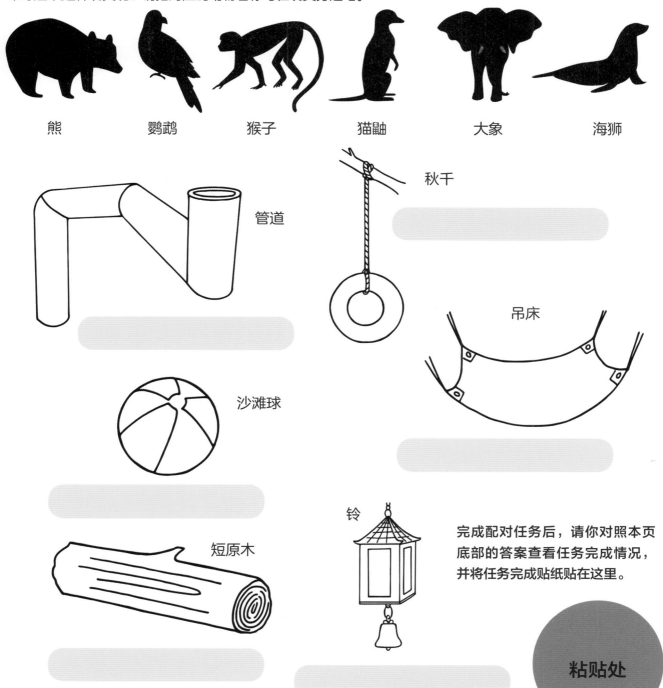

熊　　　　鹦鹉　　　　猴子　　　　猫鼬　　　　大象　　　　海狮

管道

秋千

吊床

沙滩球

短原木

铃

完成配对任务后，请你对照本页底部的答案查看任务完成情况，并将任务完成贴纸贴在这里。

粘贴处

任务完成

25

搬家

动物园的动物们有时也会面临搬家的问题，要搬到另一个动物园或野生动物园里去。动物园动物医生必须制订出完善的全员搬迁办法——无论是小昆虫还是大象，都得搬到新家去。动物医生们必须仔细规划，才能让动物们感到旅途也是安全且舒适的。

动物医生最不希望看到的是新成员把疾病带进动物园里，因此新成员都必须要被隔离一段时间。

隔离就是让某个动物在一段时间内单独生活。隔离时间通常为一个月，但这也不是绝对的。隔离时间主要取决于接受隔离的到底是哪种动物。比如，蛇类的隔离时间长达九个月。

在这段时间内，动物医生将会为这些动物安排体检，密切观察它们的状况，看它们是否有生病的迹象。

如果新成员生病了，动物医生要确保疾病不会传播开来，所以他们在医治接受隔离的动物时会穿上防护服。

规划搬迁行程

一头犀牛将要搬到另一家动物园里去。你是这次搬迁行动的负责人。请你按照正确顺序排列下列任务。
请在第一项任务旁写下"1"，在第二项任务旁写下"2"，以此类推。

- ○ 新动物园的工作人员正等着欢迎新成员。

- ○ 动物医生和饲养员一路陪伴这头搬迁的犀牛。沿途的各家动物园都接到了这次搬迁的通知，所以一旦出现紧急情况，这些动物园都能及时提供帮助。

- ○ 准备好一个坚固的板条箱。在搬迁前的几个星期，饲养员就要让这头犀牛慢慢适应板条箱，这样搬迁的时候，它就能安静地待在里面了。

- ○ 要非常谨慎地将这头犀牛"介绍"给其他犀牛。

- ○ 一辆吊车吊起犀牛所在的板条箱，把它放到等候在旁的卡车上。

- ○ 新动物园的饲养员要多观察这头犀牛，了解它是否适合待在这家动物园里，并且弄清楚应该如何照顾它。

完成排序任务之后，请你对照本页底部的
答案查看完成情况，并将任务完成贴纸贴
在这里。

粘贴处

答案：正确顺序应是4—3—1—5—2—6

🐾 任务完成

新家

这家动物园正盼望着猩猩家族新成员的到来。要让黑猩猩们健康快乐地生活，动物园就必须为它们创造适宜的居住环境。作为动物园动物医生，你受命设计一个新的黑猩猩圈养区。

请阅读下列有关黑猩猩生活习性的信息，这些因素都是你在设计过程中需要加以考虑的。

* 野生黑猩猩居住在森林里，非常喜欢攀爬。

* 野生黑猩猩喜欢群居生活。

* 野生黑猩猩喜欢睡在筑在树顶的巢穴里。

* 黑猩猩十分聪明，而且好动，所以为它们准备好轮胎、绳索和玩具是很有必要的。

* 黑猩猩精力十分旺盛，所以要为它们提供充足的活动空间。

* 黑猩猩擅长跳跃，并喜欢抓住树枝荡来荡去。

* 在野外，黑猩猩喜欢到处搜寻各种水果、坚果、种子和昆虫吃。

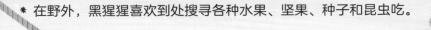

完成黑猩猩圈养区设计工作后，请你将任务完成贴纸贴在这里。

粘贴处

任务完成

谁是谁？

作为一名动物园动物医生，你必须能准确分辨各种动物，这是非常重要的工作。当你进入动物圈养区给生病动物用药的时候，你肯定不希望误诊。

做一做这个练习，测试一下你的观察能力。请你仔细地观察所给的斑马黑白条纹和老虎的火焰条纹。

请在这组图片中把与右上方图中斑马条纹相同的斑马找出来。找到它后，请你把编号写在这里。

黑白条纹

现在请在下面这组图片中找出与右图中老虎的火焰条纹相同的一只。找到它后，请把编号写在这里。

火焰条纹

在你完成任务之后，请对照本页底部的答案检查任务完成情况，并将任务完成贴纸贴在这里。

粘贴处

答案：拥有相同条纹的是4，老虎火焰条纹也是4

任务完成

种类繁多的鸟类

地球上约有1万种鸟类，其中不乏珍稀品种。动物园里也有许多鸟类——既有迷你的蜂鸟，也有约2.5米高的巨大鸵鸟，真是种类繁多，令人眼花缭乱。

动物园动物医生必须了解各种鸟类的情况，确保它们能够在动物园里繁衍生息。

鹦鹉

火烈鸟

鸸鹋

企鹅

你在动物园里可以看到各种各样的鸟，比如鹦鹉、企鹅、鸸鹋和火烈鸟。

喂鸟器

制作一个喂鸟器并把它挂在外面，看看哪些鸟儿会跑来吃东西。这是你识别所在区域中栖息的一些鸟类的好办法。

你需要：空饮料盒、剪刀、细绳、结实的树枝、鸟食，以及一位成人助手。

1. 把饮料盒洗干净，请助手帮你在盒子的一面上剪一个大洞。

2. 请助手帮你在刚才剪的洞的相对面上再剪一个大洞。

3. 请助手用剪刀在盒子底部戳出三四个小洞。这些小洞是用来排水的，但是它们必须非常小，否则鸟食就会漏出去。

4. 在盒子顶部（如图）剪一个小洞，将细绳穿过小洞，这样就可以把喂鸟器挂在树或篱笆上了。

5. 在盒子两个大洞下几厘米处，再分别剪出两个相对的小洞来，然后把树枝穿过两个小洞，这样小鸟们就有歇脚的地方了。

6. 最后，在喂鸟器中撒一些鸟食，把它挂起来，就可以等着小鸟来做客了。

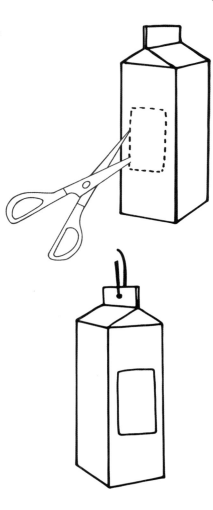

把喂鸟器挂好之后，请你将任务完成贴纸贴在这里。

粘贴处

 任务完成

33

辨认大型猫科动物

动物园里的游客最喜欢看大型猫科动物了。动物医生必须要认识其中的主要成员。狮子、老虎和美洲狮都不难辨认，但是要想把以下三种花斑"大猫"分辨清楚就不那么容易了。

身份指认

图1、图2和图3分别展示了猎豹、金钱豹和美洲豹的皮毛特征。请仔细观察这三幅图，然后再将右页的三种猫科动物——辨认清楚。下面的文字信息也是很有用的哟！

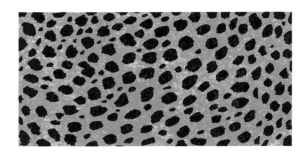

猎豹的奔跑速度快得惊人，时速在100公里以上，不亚于一辆快速行驶的小汽车。猎豹主要分布在非洲广阔的草原上，全身布满黑色的斑点。

金钱豹在非洲和亚洲均有分布。金钱豹的毛为黄色，密布圆形或椭圆形黑褐色斑点或斑环，形状像古钱。

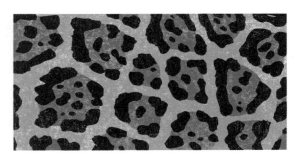

美洲豹分布在南美洲和中美洲的丛林里。它们身上的斑纹跟金钱豹相似，只是它们的斑纹图案里有黑色的斑点。

A

B

C

在把图中的"大猫"们分辨清楚之后，请你对照本页底部的答案检查
你的任务完成情况，并将任务完成贴纸贴在这里。

粘贴处

答案：A=美洲豹；B=猎豹；C=金钱豹

任务完成

与大象共度的一天

大象们每天很早就开始活动了，这意味着动物医生也要开始忙碌了。动物园的大象们和照料它们的动物医生通常是这样度过一天的时光的。

早晨7点，饲养员把大象们赶到室外的活动区，然后开始打扫象舍。每头大象每天排泄约180公斤的粪便（超过两个成年人的体重），所以这不是一项能快速完成的工作。

动物医生可能需要检查大象的粪便，看看里面有没有寄生虫，这样就能弄清楚大象的身体状况。只要照顾得当，动物园中的大象可以活到70岁左右。

上午9点，大象们回到象舍吃早餐。动物医生会根据每头大象的身体状况准备不同的食物，通常会有谷物、干草和蔬菜。大象体重较重，需要的食物也较多。一头约6吨（相当于4辆轿车的总重量）重的大象，每天需要约160公斤的食物，这相当于一条狗一年半的食物。

上午10点，动物医生开始为大象们做身体检查，查看它们是否受伤或生病。动物医生需要和大象们建立起友好互信的关系。毕竟这种3米高的庞然大物只会让自己喜欢的对象靠近。

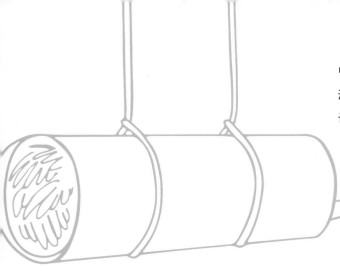

中午12点，大象们又会返回室外活动区。动物医生在一旁认真观察大象的活动，确认它们对周边环境很感兴趣；如果不感兴趣则要及时改善环境。大象非常聪明，理解力也非常强。如果大象对周围事物缺乏兴趣，可能是疾病的征兆。

下午2点，动物医生跟饲养员开讨论会，研究如何重新布置大象活动区，使其变得更加有趣。大象喜欢忙碌的状态，否则就会感到非常无聊。动物医生和饲养员决定多放置些木头，并扩大泥塘的面积，这样大象们就可以在泥塘里面尽情玩耍享受了。

下午4点，大象们会回到象舍吃晚餐。动物医生会检查每头大象的进食记录，以确定它们进食情况是否正常。如果大象胃口不佳，那就一定是身体欠佳。

最后，动物医生会为怀孕的大象做身体检查，以确保它们健康。大象的怀孕期长达22个月，是人类怀孕时间的两倍多，小象刚落地时，体重就有100多公斤！

动物医生信息站

多多了解两栖动物吧

动物园动物医生的诊治对象包括哺乳类、鸟类、爬行类、鱼类、两栖类等脊椎动物，以及无脊椎动物等各种动物。如果要想为它们提供良好的医疗服务，动物医生就必须了解它们的生活习性和生存条件。

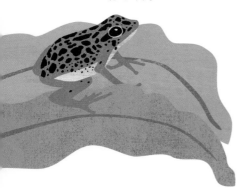

两栖动物幼体生活在水中，多数种类成体生活在陆地上，少数种类生活在水中。两栖动物包括蟾蜍、蝾螈等，其中人们最熟悉的是青蛙。

青蛙的皮肤摸起来潮湿黏滑。它们生活在靠近池塘、溪流和沼泽的地方。

青蛙在水中产卵，受精卵经过孵化后变成蝌蚪。小蝌蚪渐渐长出了腿，慢慢变成了可以在陆地上蹦跳的青蛙。

青蛙和蟾蜍是近亲。了解它们之间的差异后，就很容易把它们分辨清楚。

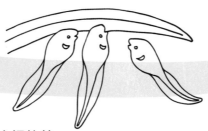

较长的腿+黏滑的皮肤=青蛙

较短的腿+干燥的皮肤=蟾蜍

恭喜你！ 现在你已经是一名……

合格的
动物园动物医生

姓　名:

- -

此受训人员现已完成

动物园动物医生

课程。

兽医学院非常感谢

你做出的努力,

预祝你在今后的工作中取得更优异的成绩。

颁证日期:

- -

农场动物医生

在农场里

在农场里，动物医生非常忙碌！农场需要他们提供帮助，确保那里的牲畜都能够健康成长，因此农场动物医生必须是多面手。他们要做的工作很多。

开药：动物医生必须了解各种能够帮助动物恢复健康的药品。

建议：关于如何照料动物，**动物医生**会为农民提供支持和建议。

疾病控制：如果农场里出现了传染病，如结核病，动物医生就要对这片区域的所有动物进行检查，并帮助农民控制疾病的蔓延。

接种：动物医生会给动物们注射疫苗，以免它们染上禽流感和癣等传染病。这就是所谓的接种。

生育看护：动物医生在接生和看护新生动物宝宝方面起着重要的作用。

创伤处理：农场动物会因为各种事情受伤，如坠落、打斗等，动物医生就需要为它们清理伤口、上药、包扎等。

检测：动物医生会定期检查动物是否患上如羊疥癣这类疾病，他们还会检查是否有动物怀孕了。

手术：动物医生可能需要给动物做手术。

农场动物医生工作范围很广，要面对各种动物，如马、猪、水牛、鸡、火鸡、驴、鹅、山羊、绵羊、鸵鸟和骆驼等。

农场动物医生必须了解接受治疗的动物的情况。在本书勒口上，有一个马匹模型。动物医生需要了解马匹每块骨头的情况。请你依照右图拼好马匹模型。

动物医生信息站

广袤的原野

几乎所有农场都在远离城镇的乡村。对于农场动物医生来说，适应这种环境，是一件非常重要的事情。下列活动可以让你感受一下乡村生活。

乡村情况小测验

以下12种东西在乡村里很常见。请你把其中与农场相关的6件东西圈出来。答案在本页底部。

野生蘑菇	谷仓	房车宿营地
拖拉机	狐狸	干草堆
篱笆	鸫鸟	村民
庄稼	鸡群	森林

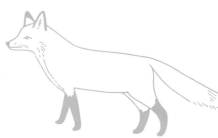

答案：谷仓、拖拉机、干草堆、篱笆、庄稼、鸡群

观察动物之旅

进行一次户外旅行，尽量多认识各种动物。其实，出门散步的时候就是做这件事情的最佳时机。

你究竟能看到什么动物，完全取决于出行的季节和地点。也许你会看到大型农场牲畜，也会看到如鼻涕虫、蚂蚁和甲虫这类极小的动物或各种鸟类。请把你见到的各种动物的名字写在下面的空白处，也许你一路上能看到很多动物，会让你惊讶得合不拢嘴！

粘贴处

完成这个小测验后，请你将任务完成贴纸贴在这里。

任务完成

农场健身

农场动物医生更需要保持身体强健。你可以想象一下，某一天你去农场给一只生病的羊羔看病：首先，你得背着沉重的医药箱，手脚并用地费力爬上陡峭的坡地；然后你要追着受惊的羊羔跑个不停，还要边跑边检查它的身体状况；最后，如果你确定它需要回到室内接受治疗，也许还得扛着它一路走回农场去！

动物动作模仿游戏

下面这套动作能让你练就适应农场生活的健康体魄。如果你能坚持每天做，效果就更好了。

蟹行
仅用手和脚撑地，身体与地面保持水平，靠手和脚的移动，侧着身子穿过房间。

蛙跳
先两脚分开下蹲，然后向正前方跳起，同时高举双手。这套动作重复10次。

猫鼬站姿

立正站好，然后慢慢踮起脚尖，就像一只四处张望的猫鼬。慢慢数到5，再把脚放下。这套动作重复10次。

海星飞跃

弯曲双膝，合上双手，用力高高蹦起，再尽量张开双臂和双腿。这套动作重复10次。

猎豹奔跑

原地慢跑，迈左腿伸右胳膊，迈右腿伸左胳膊，坚持20秒；然后，原地快跑，坚持10秒。这套动作重复3次。

熊爬

从房间一边缓慢爬到另一边，并且不能让膝盖贴着地面。

粘贴处

完成动物动作模仿游戏后，请你将任务完成贴纸贴在这里。

任务完成

45

毛色多样的马

农场里的每匹马都有自己的名字。其实，人们也可以根据马的毛色辨别它们。人们用术语来描述马的不同颜色和体貌特征，而动物医生必须要记住这些内容。下面是最常见的6种马。

黑色马：大部分皮毛为黑色。

枣红马：大部分皮毛为深棕色，腿、鬃毛、鼻口部（鼻子和嘴巴）、耳尖和尾巴为黑色。

栗色马：大部分皮毛为红棕色。

灰色斑点马：大部分皮毛为灰色，且有深灰色斑点。

巴洛米诺马：大部分皮毛为淡金色并有白色鬃毛和尾毛。

花斑马：两种颜色相间，通常是黑白两色。

涂色游戏

仿照左页上马的毛色，给下图中的马都涂上不同的颜色吧。

完成涂色游戏后，请你将任务完成贴纸贴在这里。

粘贴处

任务完成

47

远离疾病

所有动物医生必须时刻遵守卫生规定，在为生病或受伤的动物诊治时更应如此。农场动物医生必须保证疾病不会进一步蔓延。严格执行动物医生卫生规定，对控制疾病很有帮助。

动物医生卫生规定

* 经常洗手、消毒，特别是在接触医疗器械前或治疗患病动物前后。

* 治疗患病动物或为动物处理伤口时戴上手套。

* 治疗患病动物时穿上靴子、防水衣并戴上口罩。

* 在治疗患病动物前后，将检查台和医疗器械清洁干净并消毒。

* 在离开农场前，使用消毒剂彻底擦洗靴子和防水衣。

动物医生清洁双手的步骤

请按照以下步骤练习洗手，这是实习动物医生必须学习的重要课程。

你需要：水性涂料、肥皂、清水和一位成人助手。

1. 请助手把你的双手涂满水性涂料。晾干双手。

2. 把肥皂涂在手掌上，双手掌心相对，用力搓洗。

 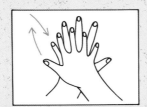

3. 按照图示，继续揉搓手掌，且手指交叉来回搓洗。

4. 弯曲手指关节并把双手扣到一起，用右手掌心搓
擦左手手指背部，然后再换手进行搓擦。

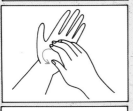

5. 将一只手的指尖并拢到一起，放到另一只手的掌心进行旋转搓
擦，这样就可以洗干净指尖了。

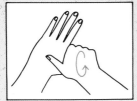

6. 一只手握住另一只手的手指来回地旋转搓擦，然后交
替搓擦，这样就能洗干净每一根手指了。

粘贴处

 把手洗干净后，请你将任务完成贴纸贴在这里。

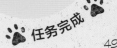

**农场
动物医生**

迎接新生命的到来

动物医生要做的一项重要工作就是给动物接生。在农场里，牛、羊、猪等牲畜都是
自己生宝宝的，但是如果在生产过程中出现问题，就需要动物医生的帮助了。

动物医生需要十分了解农场里新生的动物宝宝。请仔细阅读下列文字，从中找出对
你有用的信息。

* 母羊可以辨认出自家羊宝宝的"咩咩"声。

* 母猪一胎可产下8到12只猪宝宝，一胎产下的猪宝宝称为一窝。

* 鸡蛋的孵化时间大约为21天。

* 小马在出生约一小时后就能站立起来，约两小时后就可以奔跑。

* 大多数刚出生的小山羊宝宝头上都有"角芽"，这个小"角芽"很快就会长成
羊角。

名称配对

动物宝宝的名称常常与它们父母的名称不同。请将下图中每种动物宝宝的名称写在相应的位置。

马驹　　　　牛犊　　　　猪崽　　　　羊羔　　　　鹅雏　　　　山羊宝宝

马

山羊

猪

绵羊

牛

鹅

粘贴处

在完成名称配对测试之后，请你对照本页底部的答案检查测试情况，并将任务完成贴纸贴在这里。

答案：山羊=山羊宝宝；马=马驹；猪=猪崽；羊=羊羔；牛=牛犊；鹅=鹅雏

51

新生命护理

所有动物宝宝都是柔弱的，所以它们需要悉心照料。让农场上的新生动物宝宝健康快乐，是动物医生们的一项重要工作。羊宝宝出生后，农户和动物医生就要相互配合，确保它们能够茁壮成长。

羊妈妈产下宝宝之后，它和宝宝们就会被挪到专门的产羔栏里。这是一个干燥、清洁又温暖的地方，羊妈妈可以与它的孩子们亲密无间地待在一起。

动物医生会检查羊妈妈能不能给羊宝宝们哺乳，也会关注羊宝宝们是不是能喝到足够的乳汁。羊妈妈生产后最初的两三天流出的乳汁是初乳。初乳对羊宝宝们非常重要，因为它是一种非常特别的乳汁，能够帮助羊宝宝们增强抵抗力并保持身体健康。

新生动物宝宝很容易染上疾病。动物医生会为它们检查身体，确认它们并未染上肺炎等疾病。

有时羊妈妈可能无法哺育它的宝宝，那就只能对羊宝宝进行人工喂养。

在最开始人工喂养羊宝宝的时候，动物医生需要用一只手搂住它，另一只手轻轻掰开它的嘴巴，才能把奶嘴塞进羊宝宝的嘴巴里。几天之后，羊宝宝就习以为常了，它们会兴高采烈地站着，仰头从奶瓶里吮吸乳汁。

喂奶时间

出生后的24小时内，羊宝宝白天（从早上6点到晚上6点）需要2个小时进食一次，晚上（从晚上6点到第二天早上6点）需要3个小时进食一次。请你把一天内羊宝宝的进食时间全部圈出来（前两个进食时间已经圈出来了）。

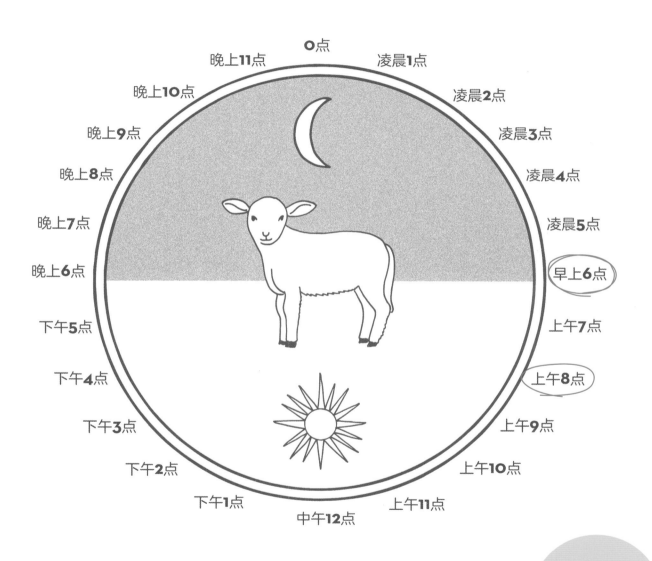

圈出全部进食时间后，请你将任务完成贴纸贴在这里。

粘贴处

农场里的突发事件

农场动物医生必须能够应对各种突发事件。比如，一头牛犊在半夜出生了，一只绵羊在暴风雨中受伤了，又或是马把腿卡在篱笆里了，不管发生了什么，你都要快速应对。你的医药包里随时都要准备好你可能会用到的医疗器械。

动物医生器械小知识

请看图中的物品，如果你认为动物医生的工作一定会用到它们，请把理由写到画线处。

头灯 ✓

我需要一盏头灯，万一_____
_____
_____
_____

雨靴 ✓

我需要雨靴，万一_____
_____
_____
_____

绷带 ✓

我需要绷带，万一_____
_____
_____
_____

剪刀 ✓

我需要剪刀，万一 _____

_____

_____

_____

缰头 ✓

我需要缰头，万一 _____

_____

_____

防水服

✓

我需要防水服，万一 _____

_____

_____

药箱（装有药品）✓

我需要药箱，万一 _____

_____

_____

_____

写出自己的理由之后，请将任
务完成贴纸贴在这里。

粘贴处

🐾 任务完成 🐾

55

小羊在哪里？

在一些国家，农场动物，比如羊，通常都是成群放牧的。如果用于放牧的草地面积不足，不同农户家的羊群就需要挤在同一片草地上。为了避免弄错羊群，农户会很仔细地用彩色颜料把自家的羊清楚地标记出来，这使动物医生能很容易地找到需要接受诊治的羊。

绵羊找找看

这群羊身上都被点上了三种不同颜色的点，以标明它们各自的归属。其中十只羊身上涂有一个蓝色点和两个红色点。你能找到它们吗？

找出这十只羊后，请你将任务完成贴纸贴在这里。

粘贴处

任务完成

57

恭喜你！现在你已经是一名……

合格的
农场动物医生

姓　　名:

此受训人员现已完成

农场动物医生

课程。

兽医学院非常感谢

你做出的努力，

预祝你在今后的工作中取得更优异的成绩。

颁证日期:

太棒了！

你已经成功地完成了所有任务，
为你的动物医生培训画上了圆满的句号。
现在你就要从兽医学院毕业了。

**在你的毕业典礼上，请你朗读下面的动物医生职业准则，
并承诺将毕生依照该准则行医。
完成这个仪式后，请你把名字签在下面吧。**

1. 作为一名动物医生，我知道照料动物是一项需要强烈的责任心和熟练技能的工作。我承诺将一如既往地提高技能，在工作中尽我所能。

2. 首先，我保证会把动物的健康和福祉放在工作的第一位。

3. 对动物的主人、我的团队和同行以及公众，我将永远心怀尊重、真诚以待。

4. 我将十分耐心和友善地对待所有动物，绝对不做任何可能将动物或其主人置于危险之中的事情。

5. 我将支持同行的工作，永远遵守动物医生职业准则。

在这里画上你的头像，或者贴上你的大头照。

签 名：_____

动物医生的百宝箱

你可以找到许多有趣的东西。

- 动物医生统计纸牌游戏。

  洗牌后发牌。坐在发牌人左手位置的游戏者首先大声读出第一张牌的任意属性值（如体形=5）。另一名游戏者随后读出他手中第一张牌的相同属性对应的数值。数值高的那位游戏者获胜，并收走对手的纸牌。最后获得全部纸牌的游戏者就是胜利者了。

- "蛇和长颈鹿"游戏规则。
- 贴纸。
- 动物医生统计纸牌。
- "动物分类"海报。
- "蛇和长颈鹿"游戏棋盘。
- 马匹模型（在本书勒口上）。

"蛇和长颈鹿"游戏规则

在"动物分类"海报背面，你会看到游戏棋盘。取出色子，并把它折叠、粘贴起来。取出棋子和棋子基座，将它们拼插起来。每位游戏者需要一个棋子。

- 游戏的终点是"100"号方格，最先到达的游戏者就是胜利者。

- 每位游戏者分得一个棋子，轮流投掷色子，按照投掷出的数字在棋盘上将各自的棋子移动相应数量的格子。

- 如果某位游戏者把棋子移动到长颈鹿蹄子所在方格，他就必须将棋子沿着长颈鹿的脖子移动到长颈鹿的头部。

- 如果某位游戏者把棋子移动到蛇的头部所在方格，他就必须将棋子沿着蛇细长的身体移动到蛇的尾部。

第22页　日常工作答案